BEI GRIN MACHT SICH IHR WISSEN BEZAHLT

- Wir veröffentlichen Ihre Hausarbeit, Bachelor- und Masterarbeit

- Ihr eigenes eBook und Buch - weltweit in allen wichtigen Shops

- Verdienen Sie an jedem Verkauf

Jetzt bei www.GRIN.com hochladen und kostenlos publizieren

Fabian Seyffarth

Situation und Lösungsansätze zur Einzelhandelsversorgung peripher ländlicher Räume

GRIN Verlag

Bibliografische Information der Deutschen Nationalbibliothek:

Die Deutsche Bibliothek verzeichnet diese Publikation in der Deutschen National-
bibliografie; detaillierte bibliografische Daten sind im Internet über http://dnb.d-
nb.de/ abrufbar.

Dieses Werk sowie alle darin enthaltenen einzelnen Beiträge und Abbildungen
sind urheberrechtlich geschützt. Jede Verwertung, die nicht ausdrücklich vom
Urheberrechtsschutz zugelassen ist, bedarf der vorherigen Zustimmung des Verla-
ges. Das gilt insbesondere für Vervielfältigungen, Bearbeitungen, Übersetzungen,
Mikroverfilmungen, Auswertungen durch Datenbanken und für die Einspeicherung
und Verarbeitung in elektronische Systeme. Alle Rechte, auch die des auszugsweisen
Nachdrucks, der fotomechanischen Wiedergabe (einschließlich Mikrokopie) sowie
der Auswertung durch Datenbanken oder ähnliche Einrichtungen, vorbehalten.

Impressum:

Copyright © 2008 GRIN Verlag, Open Publishing GmbH
Druck und Bindung: Books on Demand GmbH, Norderstedt Germany
ISBN: 978-3-640-69305-4

Dieses Buch bei GRIN:

http://www.grin.com/de/e-book/156502/situation-und-loesungsansaetze-zur-einzel-
handelsversorgung-peripher-laendlicher

GRIN - Your knowledge has value

Der GRIN Verlag publiziert seit 1998 wissenschaftliche Arbeiten von Studenten, Hochschullehrern und anderen Akademikern als eBook und gedrucktes Buch. Die Verlagswebsite www.grin.com ist die ideale Plattform zur Veröffentlichung von Hausarbeiten, Abschlussarbeiten, wissenschaftlichen Aufsätzen, Dissertationen und Fachbüchern.

Besuchen Sie uns im Internet:

http://www.grin.com/

http://www.facebook.com/grincom

http://www.twitter.com/grin_com

Lehr- und Forschungsgebiet Wirtschaftsgeographie der Dienstleistungen

Hauptseminar: Strukturwandel im Einzelhandel

Semester: SS 2008

Situation und Lösungsansätze zur Einzelhandelsversorgung peripher ländlicher Räume

Fabian Seyffarth

Studienfach: B.Sc. Angew. Geographie

Inhalt

1   Einleitung

Diese Arbeit soll die Situation der Einzelhandelsversorgung im peripher ländlichen Raum darstellen und Lösungsansätze für bestehende Probleme aufzeigen. Hierzu wird zunächst eine allgemein gültige Definition von „ländlicher Raum" gegeben, um diese dann zum Begriff „peripher ländlicher Raum" abzugrenzen.

Um die momentane Situation erläutern zu können, ist es wichtig ein Verständnis für die besonderen Gegebenheiten im peripher ländlichen Raum zu Grunde zu legen. Hier für soll in Kapitel 3 kurz die Entwicklung des peripher ländlichen Raumes in Deutschland, und der daraus resultierende und damit verbundene Bedeutungswandel dargestellt werden.

Wie dieser Wandel sich auf die Einzelhandelsversorgung ausgewirkt hat wird in den folgenden Kapiteln beschrieben und anhand von Fallbeispielen erläutert. Hier werden explizit die Situation sowie vorhandene Lösungsstrategien beschrieben. Aufgrund der unterschiedlichen Entwicklung in Ost- und Westdeutschland werden auch die Fallbeispiele differenziert. Besonders an ihnen lassen sich die eventuellen Lösungsansätze aufzeigen sowie deren Notwendigkeit verdeutlichen. Anschließend wird die Situation im Osten Deutschlands mit der im Westen zusammenfassend verglichen.

2   Definition: ländlicher Raum

Ländliche Räume haben sich aufgrund von historischen, geographischen und sozio-ökonomischen, ungleichen Entwicklungen herausbilden können. Spricht man heute allgemein von „ländlicher Raum", so treffen auf eine solche Region unterschiedlichste Aussagen zu:

> „- geringe Bevölkerungsdichte und disperse Siedlungsstruktur
>
> - hohes Potenzial für landschaftliche Nutzungen wie Siedlung, Gewerbe, Freizeit, Tourismus, Natur- und Ressourcenschutz etc.
>
> - große Einzugsgebiete erschweren die Einrichtung und Erreichbarkeit zeitgemäßer Infrastruktur und Versorgungseinrichtungen
>
> - geringe Erwerbsquote

> - *geringe Arbeitsplatzdichte mit der Folge eines hohen Anteils von Berufspendlern*
>
> - *vergleichsweise hoher Anteil landwirtschaftlicher Aktivitäten, geringe Anteil an Dienstleistungen*"(MLR Baden-Württemberg 2008, S.1).

Dennoch ist eine strenge Abgrenzung des ländlichen Raumes nach Maßzahlen, wie zum Beispiel Bevölkerungsdichte, nicht möglich. Eine allgemein gültige Definition ist auf Grund der komplexen unterschiedlichen Ausprägungen verschiedener ländlicher Räume auch nicht möglich (vgl. Grothues R. 2006, S.6).

2.1   Abgrenzung: „peripher ländlicher Raum"

Da es verschiedene Ausprägungen von ländlichen Räumen nach dem oben genannten Aussagen gibt, muss differenziert werden. Ländliche Räume in der Nähe von großen Städten oder Verdichtungsräumen „verschmilzen" zunehmend mit den Agglomerationen und lassen sich nicht mehr klar abgrenzen, so entsteht ein sogenanntes Stadt-Land-Kontinuum (vgl. Heineberg, H. 2004, S.253).
Da für diese Arbeit speziell der peripher ländliche Raum von Bedeutung ist, kann hierfür eine Typisierung des Bundesamtes für Bauwesen und Raumordnung herangezogen werden. Hier wird unterschieden zwischen „Ländlichen Räumen höherer Dichte" und „Ländlichen Räumen geringerer Dichte" (vgl. Abb.1).

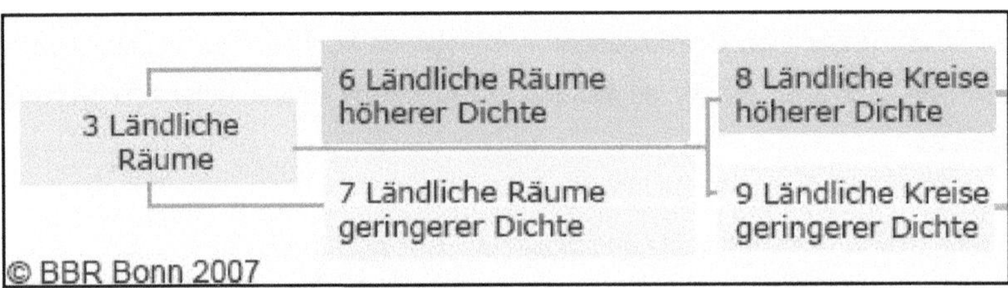

Abb.1 Typisierung des Bundesamtes für Bauwesen und Raumordnung für unterschiedliche ländliche Räume

Quelle: Bundesamt für Bauordnung und Raumplanung (Hrsg.) 2007.

Für die Typisierung nach Kreisen bzw. Kreisregionen gilt: (1.) „Ländliche Kreise höherer Dichte" weisen mehr als 100 Einwohner pro qkm auf und (2.) „Ländliche Kreise geringerer Dichte" weisen weniger als 100 Einwohner pro qkm auf (vgl. Eglitis, A. 1999, S.3).

Peripher ländliche Räume weisen also eine geringere Einwohnerdichte auf und liegen geographisch weiter von Agglomerationsräumen entfernt. Somit sind sie weniger intensiv mit ihnen verflochten (vgl. Neuer, B. / Thieme, G. 2006, S.15). Als Indikator hierfür kann beispielsweise die Zeit herangezogen werden, welche benötigt wird um mit dem PKW das nächstgelegene Oberzentrum zu erreichen. In „Ländlichen Räumern höherer Dichte" beträgt der Wert im Mittel 39 Minuten und in „Ländlichen Räumen geringerer Dichte" 45 Minuten (vgl. Neuer, B. / Thieme, G. 2006, S.15). Diese Zahlen spiegeln bereits die Notwendig einer Nahversorgung mit Einzelhandel (nicht nur) in den peripher ländlichen Räumen wieder, denn viele Personengruppen können sich nicht am motorisierten Individualverkehr partizipieren.

3   Entwicklung des peripher ländlichen Raumes in Deutschland

Die ländlichen Räume in Deutschland haben einen starken Bedeutungswandel, und damit verbunden, einen strukturellen Wandel durchlaufen. Beginnend mit dem Bedeutungsrückgang der Landwirtschaft und stagnierender Bevölkerungszahlen in der Nachkriegszeit, kam es zu einem physischen Verfall der Bausubstanz sowie zu Defiziten in der Infrastrukturausstattung. Der Strukturwandel in der Wirtschaft führte zu weiterem Bedeutungsverlust der Landwirtschaft sowie deren vor- und nachgelagerten Branchen. Erhöhte Arbeitslosigkeit und Unterbeschäftigung waren die Folge. Industrie siedelte sich häufig nur in Gebieten mit Nähe zu Agglomerationsräumen an, so dass dieser wirtschaftliche und strukturelle Impuls in peripher ländlichen Regionen auch meist aus blieb. Wichtige Förderprogramme für diese Regionen waren die „Gemeinschaftsaufgaben Verbesserung der Agrarstruktur und des Küstenschutzes" und „Verbesserung der regionalen Wirtschaftsstruktur" des Bundes. Auch die EU beteiligte sich mit Strukturfonds an den Bemühungen Impulse in peripher ländlichen Regionen zu erzielen. Fördermaßnahmen bezogen sich in der Vergangenheit lediglich auf die

Modernisierung der Landwirtschaft und die soziale Absicherung der in der Landwirtschaft Tätigen (vgl. Eglitis, A. 1999, S.5f). Während ländliche Räume in Nähe zu Ballungsräumen ein breites Spektrum an Funktionen erfüllen (vgl. Abb.2), und davon stark profitieren, sind die peripher ländlichen Regionen nach wie vor von Defiziten betroffen. Es herrscht ein Mangel an Arbeitsplätzen, vor allem mit höherem Qualifikationsniveau und außerhalb des primären Sektors. Hinzu kommen infrastrukturelle Defizite, besonders in den Bereichen Verkehr, ÖPNV und auch Bildung.

Abb.2 Funktion des ländlichen Raumes
Quelle: Heineberg, H. 2004, S. 245

Aus diesen Entwicklungen resultieren entscheidende demographische Entwicklungen, welche wiederum mit für die Situation des Einzelhandels in solchen Regionen verantwortlich gemacht werden können.

3.1   Demographie

Aufgrund der in Kapitel 3 beschriebenen Umstände kommt es in ländlichen Räumen zunehmen zu einer Bevölkerungsstruktur, welche eine Ausdünnung der Lebensmittelnahversorgung mit sich bringt. Insbesondere Räume in peripher ländlicher Lage verlieren bereits, oder werden in Zukunft stark an Bevölkerung verlieren. Junge Bevölkerungsgruppen wandern vermehrt aus solchen Regionen ab, womit auch die Geburtenzahlen sinken und die Bevölkerung altert. So ist in den kommenden Jahren auch mit zunehmend steigenden Sterbezahlen zu rechnen (vgl. Benzel, L. 2006, S.1). Betrachtet man die Wanderungszahlen genauer, so lässt sich feststellen, dass die Disparitäten zwischen ländlichen Räumen in Nähe zu Verdichtungsräumen und peripher ländlichen Räumen zunehmend größer werden. Während ländliche Räumen in Verdichtungsnähe eher positive Tendenzen aufweisen, weisen peripher Ländliche Regionen eher wenig positive bzw. negative Tendenzen hinsichtlich der Bevölkerungsentwicklung auf (vgl. Abb.3).

	Bevölkerungsentwicklung 1990-2002 in %
BRD	3,5
Ländliche Räume	1,9
geringerer Dichte	2
höherer Dichte	4
Alte Länder	6,4
Ländliche Räume	8,2
geringerer Dichte	8,6
höherer Dichte	8,1
Neue Länder	-6,4
Ländliche Räume	-9,6
geringerer Dichte	-9,4
höherer Dichte	-9,8

Abb.3 Ausgewählte Zahlen zu Bevölkerungsentwicklung

Quelle: eigene Darstellung nach: Neuer, B. / Thieme, G. 2006, S.18.

Neben den genannten Tendenzen veranschaulicht Abbildung 3 auch das weitaus stärker ausgeprägte Gefälle zwischen Ost- und Westdeutschland.

Demnach sind die ostdeutschen ländlichen Räume jetzt schon sehr stark von Bevölkerungsverlusten betroffen. Gründe dafür sollen an dieser Stelle jedoch nicht thematisiert werden. Auf Grund dieser drastischen Unterschiede zwischen Ost und West wird auch im Folgenden die Situation in den alten und in den neuen Bundesländern differenziert betrachtet.

4   Einzelhandelsversorgung in peripher ländlichen Räumen in den alten Bundesländern

Wichtige Gründe für die Veränderungen in der Einzelhandelsversorgung (peripher) ländlicher Räume sind zum einen die (vor allem seit den 60er Jahren) zunehmende räumliche Flexibilität der Nachfrager, also zunehmender motorisierter Individualverkehr. Zum zweiten ist es die Verbesserung der Lagermöglichkeiten, besonders für Lebensmittel, durch Kühlschränke und Tiefkühltruhen. Demnach existierten vor diesen Veränderungen bereits engmaschige Netze von kleinen Läden für Güter des täglichen Bedarfs. Auch in kleinen Siedlungen und in peripherer Lage wurden solche Läden stark frequentiert, da Produkte wie Lebensmittel weniger gut gelagert werden konnten und die Bevölkerung keine Motivation und Möglichkeit besaß an anderen Standorten Güter des täglichen Bedarfs nachzufragen. So konnten auch kleine Verkaufsstellen wirtschaftlich betrieben werden (vgl. Kulke, E. (Hrsg.) 1998, 172). Durch die Veränderungen kommt es aber zu einem Wandel in der Nachfragestruktur. Heute sind lediglich 20% der Haushalte nicht motorisiert. Das heißt, dass 80% der Haushalte für ihren Einkauf von Gütern des täglichen Bedarfs längere Strecken zurücklegen können und dies auch vermehrt tun (vgl. Benzel, L. 2006, S.2). Parallel dazu entwickelte sich ein verändertes Einkaufverhalten. In den Fokus der Nachfrager rücken Erlebnisseinkäufe oder Niedrigpreiseinkäufe. Um diese Bedürfnisse zu befriedigen werden Discounter oder SB-Märkte aufgesucht, welche sich jedoch nur in größeren Orten oder an Verkehrsknotenpunkten ansiedeln und somit erhebliche Kaufkraft aus den peripher ländlichen Regionen abziehen (vgl. Benzel, L. 2006, S.2). Auf der Anbieterseite entwickelte sich so eine zunehmende Konzentration im Einzelhandel. Im Jahr 1966 existierten im Bundesgebiet rund 150.000 Lebensmittelverkaufsstellen, 2002 waren es nur noch rund 55.000. Parallel dazu hat sich die durchschnittliche Verkaufsfläche der Lebensmittelverkaufsstellen deutlich erhöht. Die Top-5 Unternehmen in Deutschland weisen einen Marktanteil von 62% (2002) auf, für 2010 werden 82% prognostiziert. Angebotsseitig kann man von einer Konzentration und einem Strukturwandel im Einzelhandel sprechen, vom selbständigen Einzelhändler hin zu Supermärkten, Discountern und Verbrauchermärkten, von einem engmaschigen Netz kleiner Verkaufsstellen hin zu einem „groben" Netz großflächiger Verkaufsstellen.(vgl. Institut für ökologische Wirtschaftsforschung gGmbH (Hrsg.) 2005).

Diese Entwicklungen sind nun ausschlaggebend für die, teils dramatische, Netzausdünnung im peripher ländlichen Raum. Neue Betriebsformen werden mangels Voraussetzungen wie Einwohnerzahl oder Einzugsgebiet nicht angesiedelt, wohingegen verbliebene Kleinbetriebe nicht mehr konkurrenzfähig sind und spätestens nach Erreichen der Altersgrenze des Inhabers geschlossen werden (vgl. Kulke, E. (Hrsg.) 1998, S.174). Leittragende sind die 20% der nichtmotorisierten Haushalte in ländlichen Regionen. Diese Bevölkerungsgruppen bestehen meist aus älteren Menschen oder Alleinerziehenden. Eine flächendeckende Nahversorgung für alle Bevölkerungsgruppen ist nicht mehr gewährleistet.

Das folgende Fallbeispiel soll die unbefriedigende Situation der Grundversorgung im peripher ländlichen Raum aufzeigen und beschreibt auch sich daraus ableitende Lösungsstrategien.

4.1   Fallbeispiel: Münsingen

Der Untersuchungsraum Münsingen liegt im Südosten des Landkreises Reutlingen im Bundesland Baden-Württemberg. Nach dem Landesentwicklungsplan Baden-Württemberg von 2002 ist Münsingen in der Raumkategorie

> *„Ländlicher Raum im engeren Sinne als großflächige Gebiete mit zumeist deutlich unterdurchschnittlicher Siedlungsverdichtung und hohem Freiraumanteil" (vgl.* Landtag Baden-Würtemberg (Hrsg.) 2002).

eingestuft (vgl. Abb.4).

Der Untersuchungsraum weißt eine Bevölkerungsdichte von 71 Einwohnern pro qkm auf und liegt somit auch nach Typisierung des Bundesamtes für Bauwesen und Raumordnung in einer „ländlichen Region geringerer Dichte". Der Mittelbereich Münsingen liegt auf der Hochfläche der Schwäbischen Alb und ist durch eine natürliche Barriere, dem von Südwest nach Nordost verlaufende Albtrauf, vom dicht besiedelten Albvorland getrennt. Der Höhenunterschied zwischen Albvorland und Schwäbischer Alb beträgt rund 400 Meter. Somit herrscht in der Region ein starkes, natürlich begründetes Gefälle, zwischen dicht besiedelten Raum und ländlichen bzw. peripher ländlichem Raum.

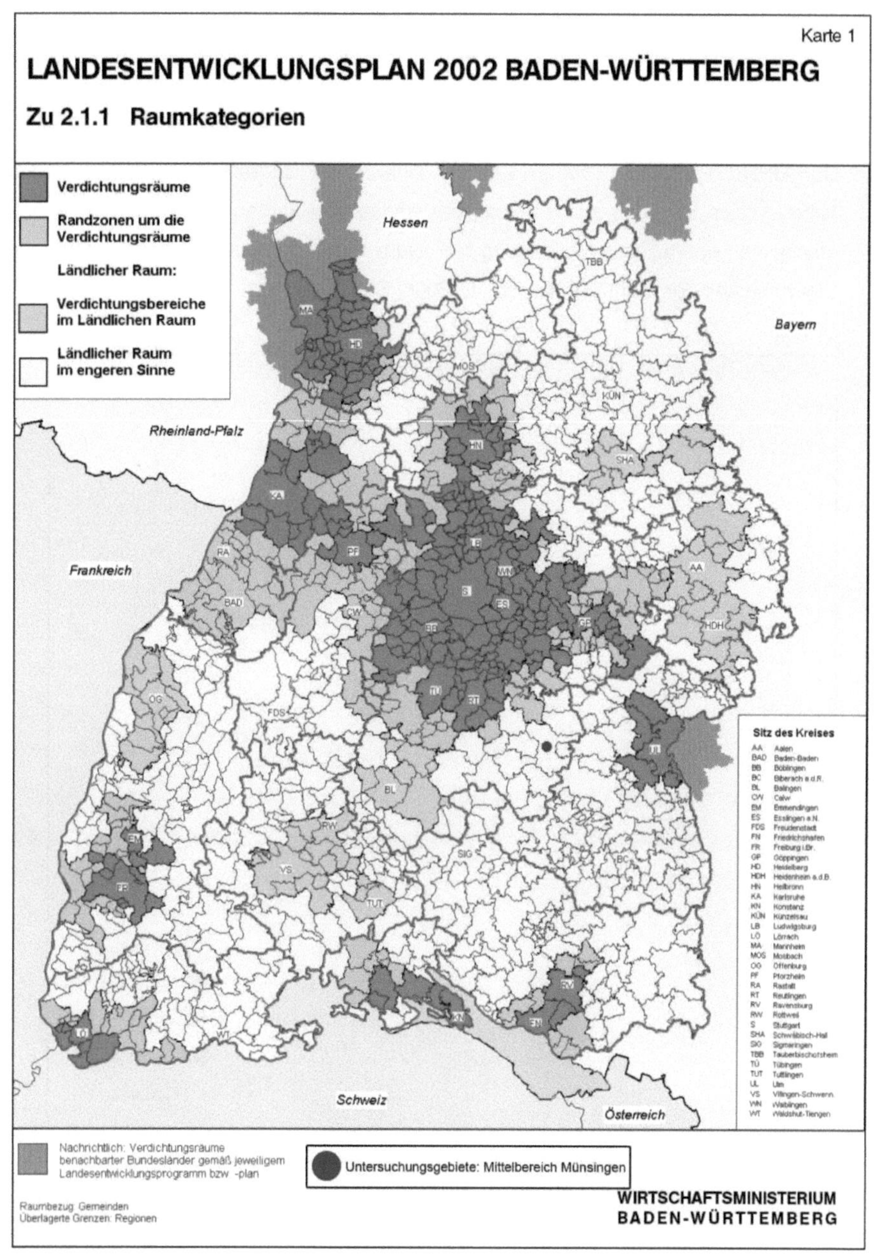

Abb.4 Untersuchungrsraum im Landesentwicklungsplan

Quelle: eigene Veränderung: Landtag Baden-Würtemberg (Hrsg.) 2002.

Im Untersuchungsgebiet gibt es neben dem Mittelzentrum Münsingen mit mehr als 15.000 Einwohnern viele Orte und Weiler mit weniger als 100 Einwohnern (vgl. Abb.5).

Der ÖPNV im Untersuchungsraum ist differenziert zu bewerten. Während das Mittelzentrum mit den etwas dicht besiedelteren Räumen gut angebunden ist, erschweren sporadische Verbindung, vor allem in den dünn besiedelten Räumen die Erreichbarkeit der „Zentren" (Benzel, L. 2006, S.79f).

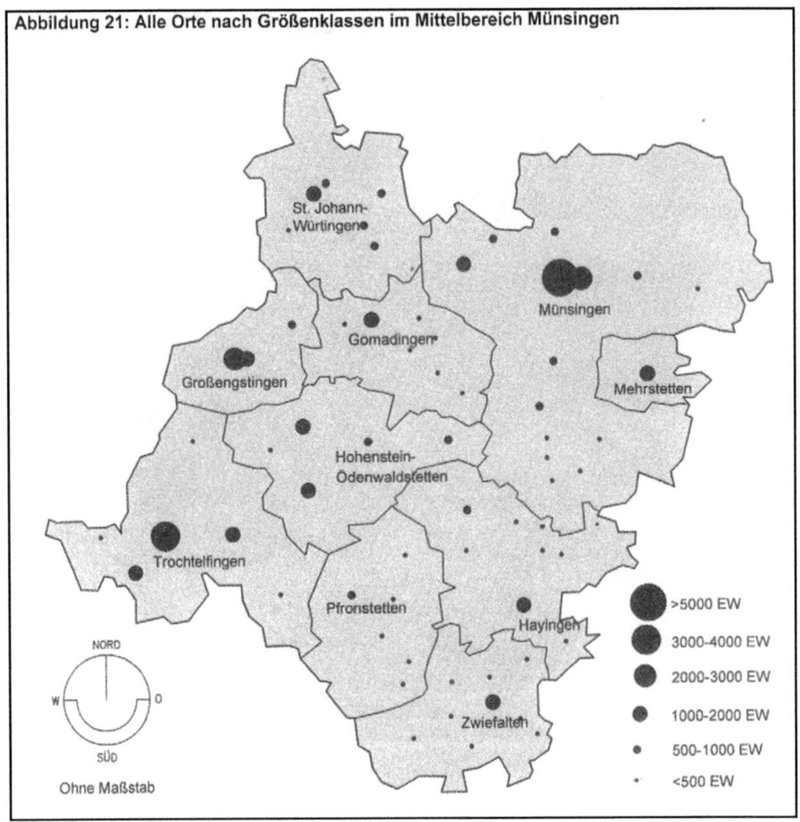

Abb.5 Siedlungen im Untersuchungsraum

Quelle: Benzel, L. 2006, S.70.

Die Bevölkerungszahlen im Untersuchungsgebiet nehmen in den letzten Jahren kontinuierlich zu und liegen heute insgesamt bei rund 46.000 Einwohnern. Das Durchschnittsalter der Bevölkerung in diesem Gebiet liegt unter dem Landesdurchschnitt. Die Haushaltsgrößen wiederrum sind überdurchschnittlich groß. Es herrscht ein reger (Berufs-)Pendlerverkehr in das verdichtete Albvorland (vgl. Abb.6).

	EW-Zahl 1993	EW-Zahl 2005	EW-Trend 2020	Durchschnittsalter	Haushaltsgröße
Land B-W	10.234.026	10.737.654	5,30%	41,1	2,2
Mittelbereich Münsingen	42.354	45.505	6-9%	39,7	2,51

Abb.6 Einwohnerentwicklung und Trends in Baden-Württemberg und im Mittelbereich Münsingen

Quelle: eigene Darstellung nach Benzel, L. 2006, S.73ff.

Die Kernorte der Gemeinden im Mittelbereich Münsingen sind überwiegend ausreichend mit Nahversorgung ausgestattet, in Ausnahmefällen sind dort nur Teilsortimente verfügbar. In vielen Ortsteilen und Gemeinden ist jedoch keine Ansiedlung von Lebensmitteleinzelhandel vorhanden. Hier erfolgt die Anbindung teils über mobile Verkaufswagen (siehe Kapitel 4.1.1) (vgl. Benzel, L. 2006, S.83).

Die Stadt Münsingen (ca. 15.000 Einwohner) ist in ihrer Funktion als Mittelzentrum mit vielen Betrieben ausgestattet. Es sind neben Bäckereien, Metzgereien und Getränkemärkten auch Discounter, Supermärkte und Fachgeschäfte vorhanden. Darüber hinaus sind dezentrale Lebensmitteleinzelhandelsbetriebe in Wohngebieten vorhanden. So ist hier insgesamt nicht nur eine Nahversorgung mit Gütern des täglichen Bedarfs sicher gestellt ist, sondern auch eine ausreichende Versorgung mit Gütern des episodischen Bedarfs. Als Erfolgsmodell mit positiven Synergieeffekten kann hier das Shop-im-Shop-Modell hervorgehoben werden, welches Bäckereien oder Metzgereien in Supermärkte oder Discounter integriert und so für höhere Kundenfrequentierung sorgt (vgl. Benzel, L. 2006, S.83).

Diese recht gute Ausgangsituation kann jedoch für den gesamten Untersuchungsraum als Ausnahmesituation bezeichnet werden. In den nächst kleineren Stadttypen von ca. 2.000 bis 4.000 Einwohnern ist zwar die Grundversorgung sicher gestellt, jedoch sind so gut wie keine Waren des episodischen Bedarfs in fußläufiger Nähe oder durch zumutbare ÖPNV-Anbindungen zu erhalten. Besonders für Bewohner der von Münsingen weiter entfernten Städten dieser Kategorie gestaltet sich eine Versorgung mit solchen Waren mittels ÖPNV als schwierig. Beispielsweise beträgt die Fahrzeit mit dem Bus, für nicht motorisierte Personen vom Kleinzentrum Trochtelfingen (Kategorie 3000 bis 4000 Einwohner) im Süden des Untersuchungsgebietes, bis in ein Mittelzentrum bis zu 100 Minuten (vgl. Benzel, L. 2006, S.92). In den kleineren Siedlungen unter 2000 Einwohnern, oder mit zum Teil sogar unter 500 Einwohnern ist die Grundversorgung zu einem Großteil nicht sichergestellt. Reine Lebensmittelmärkte gibt es dort nur sehr selten. Jedoch werden fast alle Dörfer von mobilen Verkaufswagen von Bäckereien und Metzgereien angefahren, so dass wenigstens ein Mal in der Woche für wenige Stunden eine Versorgung möglich ist. Darüber hinaus, finden sich in diesen Orten viele Sonderformen: Wie zum Beispiel Hofläden, welche ein geringes Sortiment an Eigenerzeugnissen aufweisen. Ortsansässige Bäckereien beispielsweise erweitern ihr Sortiment um Güter des täglichen Bedarfs um die Grundversorgung besser zu gestalten.

Die Fahrzeiten mit dem ÖPNV ins nächstgelegene Kleinzentrum mit ausreichend Einzelhandelsversorgung dauern oftmals mehr als 15 Minuten und sind nur rund zehn Mal täglich verfügbar. Die Fahrzeit in ein Mittelzentrum, mit Einzelhandelsversorgung für Waren des episodischen Bedarfs, mittels ÖPNV beträgt meist zwischen 40 und 90 Minuten. Darüber hinaus gibt es Orte wie beispielsweise Kochstetten, Maxfelden und Oberwilzingen, die keine Lebensmittelversorgung vor Ort aufweisen können, nicht vom mobilen Verkauf angefahren werden und auch keine ÖPNV-Anbindung besitzen. Hier ist die Grundversorgung nicht gewährleistet (vgl. Benzel, L. 2006, S.88). Versuche aufgegebene Standorte in ausgeprägter peripherer Lage wiederzubeleben sind mangels Akzeptanz der Bevölkerung nicht erfolgreich gewesen. Das hohe Pendleraufkommen in Richtung dicht besiedeltes Albvorland führt in der Region dazu, dass Einkäufe vermehrt auf dem Arbeitsweg erledigt werden, und hier überdurchschnittliche viel Kaufkraft abfließt. Gründe hierfür liegen in der Mobilität des größeren Teils der Bevölkerung und dem überdurchschnittlich hohen Pendleraufkommen. Dennoch bleibt eine dramatische Problematik für die nichtmotorisierten Bevölkerungsgruppen bestehen. Diese sind auf teure Taxen oder nachbarschaftliche oder familiäre Hilfe angewiesen.

4.1.1 Lösungsstrategien

Zusammenfassend lässt sich feststellen, dass die Situation im Untersuchungsraum sehr heterogen ist. Demnach ist die Grundversorgung im Mittelzentrum Münsingen sowie den Kleinzentren gesichert. Im Mittelzentrum tragen Shop-in-Shop-Modelle zur Ausgewogenheit der Anbieterstruktur bei. In den Kleinzentren besteht unter Umständen lediglich Handlungsbedarf was die ÖPNV-Anbindung zum nächst gelegenen Mittelzentrum angeht, die Einzelhandelsversorgung ist dort hinreichend. In den kleineren Siedlungen, Orten und Weiler müssen die Ansätze zu Verbesserung, also die Sonderformen des Verkaufs, ausgebaut werden.

Die direkte Versorgung durch mobilen Verkauf oder Direktvermarktung (Hofläden etc.) sollte forciert werden. Darüber hinaus kann, unter anderem durch Direktvermarktung, versucht werden Kaufkraft von außerhalb zu binden. Hierfür könnten beispielsweise vermehrt einheimische Erzeugnisse an Touristen verkauft werden. Somit wäre eine ökonomische Tragfähigkeit des Betriebes besser zu erzielen. Der rollende Verkauf sollte, anders als bisher, die Frequentierung der benachteilig versorgten Orte koordinieren um so eine höhere Effizienz zu erzielen. Auch andere Modelle, wie beispielsweise die Belieferung von Kunden von einem Lebensmittelbetrieb in der Umgebung, könnten mit positiven Effekten ausgebaut werden. Die Versorgungssituation der Nichtmotorisierten würde sich verbessen. Der Einzugskreis des liefernden Einzelhändlers würde sich vergrößern, womit wiederum seine ökonomische Tragfähigkeit verbessert werden würde.

Auch die indirekte Versorgungslage kann, vor allem durch Ausbau und Verbesserung des ÖPNV-Netztes" verbessert werden. Darüber hinaus gibt es attraktive neue Alternativen für die nicht motorisierten Bevölkerungsgruppen, wie beispielsweise sogenannte Einkaufsammeltaxis (vgl. Benzel, L. 2006, S.120f).

5   Einzelhandelsversorgung in peripher ländlichen Räumen in den neuen Bundesländern

Dominierend für die gesamte Einzelhandelsstruktur in der ehemaligen DDR waren viele sehr kleinflächige Ladengeschäfte mit einem begrenzten Angebot. Beispielsweise lag die durchschnittliche Fläche westdeutscher Geschäfte bei rund

200 qm, dagegen die der ostdeutschen Geschäfte lediglich bei rund 68 qm. In der DDR kamen 2,2 Geschäfte auf 1000 Einwohner, in der BRD waren es lediglich 1,1 Geschäfte pro 1000 Einwohner. Allerdings kann man bei diesen kleinflächigen und engmaschigen Strukturen nicht von guten „Serviceleistungen", wie etwa in westdeutschen „Tante-Emma-Läden" sprechen. Die fast flächendeckend vorhandenen Verkaufsstellen waren von kurzen und unregelmäßigen Öffnungszeiten geprägt (vgl. Kulke, E. (Hrsg.) 1998, S.175). Mit der Wende erfolgte ein Strukturbruch, welcher sich, wie bereits erwähnt, am deutlichsten in der demographischen Entwicklung wiederspiegelten (siehe auch Kapitel 3.1). Damit einhergehend führte die Wende zu gänzlich neuen Strukturen im Einzelhandel. Die ursprüngliche Form der genossenschaftlich geführten und staatlich gelenkten und kontrollierten Einzelhandelsversorgung entwickelte sich rasch zu einem privatwirtschaftlich organisiertem Einzelhandelssystem. In Verbindung damit kam es zu dramatische Entwicklungen für die Einzelhandelsversorgung im ländlichen Raum. Ursprünglich war das Versorgungssystem der DDR sehr dezentral aufgebaut, so dass es auch in kleinsten Siedlungen Verkaufsstellen gab. Beispielsweise existierten im Jahr 1974 in der DDR mehr als 4.400 stationäre Verkaufsstellen für Güter des täglichen Bedarfs in Gemeinden mit weniger als 500 Einwohnern (vgl. Eglitis, A. 1999, S.126f). Der Einzelhandel wurde zu einem Großteil vom Ministerium für Handel und Tourismus oder den staatlich kontrollierten Konsumgenossenschaften betrieben. So entstand eine zentral geplante Standortstruktur, welche nicht durch die Mobilität der Nachfrager beeinflusst werden konnte. Denn die Verfügbarkeit von Individualverkehrsmitteln war hierfür zu gering. Nicht nur für die Bevölkerung im peripher ländlichen Raum, sondern für die gesamte DDR-Bevölkerung gab es Defizite in der Versorgung mit mittel- und langfristigen Gütern. Verkaufsstellen mit Non-Food-Sortimenten bildeten die Ausnahme. Der Anteil der Geschäfte mit Non-Food-Sortiment lag in der DDR bei rund 36% und zur gleichen Zeit in der BRD bei rund 80% (vgl. Kulke, E. (Hrsg.) 1998, S.175). So bestand in Ostdeutschland ein deutlicher Nachfrageüberschuss an höher wertigen Gütern.

Auf der Nachfrageseite gab es nach der Wiedervereinigung auch gravierende strukturelle Veränderungen. Der Einkommensanstieg und der zunehmende motorisierte Individualverkehr erhöhten die räumliche Flexibilität der Nachfrager. Die (zunehmend von privatisierte) Angebotsseite reagierte auf den Nachfrageüberschuss an höherwertigen Gütern. Verkaufsstellen westdeutscher Betriebe wurden sofort und in hohen Zahlen errichtet. Staatliche und Genossenschaftliche Betriebe wurden privatisiert, großflächige Betriebsformen und Filialisten übernahmen die Standorte in dichter besiedelten Räumen. In ländlichen Regionen wurden vorwiegend Verkaufsstellen von Einheimischen, zum Teil im Nebenerwerb, übernommen. Rund 61% aller Einzelhandelsbetriebe wurden von selbstständigen Einzelhändlern übernommen, die anderen 39% von Filialisten. 90% aller Läden mit einer Verkaufsfläche von unter 100 qm wurden zu Einbetriebsunternehmen. Viele von ihnen mussten schnell, auf Grund von Verlusten, wieder schließen. So erfolgte besonders im ländlichen Raum in kurzer Zeit eine erhebliche Netzausdünnung. Im peripher ländlichen Raum kommt hinzu, dass zahlreiche Betriebe geschlossen wurden, ohne dass Neue sie ersetzten. Hier ist die Netzausdünnung demnach am stärksten. Es ist eine sogenannte Suburbanisierung des Einzelhandels eingetreten (vgl. Kulke, E. (Hrsg.) 1998, S.178ff). Also eine besondere Zunahme von Einzelhandel in suburbanen Räumen zu Ungunsten von vor allem ländlichen Räumen.

Mit der Netzausdünnung des stationären Einzelhandels konnte (oder musste) sich auch in Ostdeutschland der mobile Handel mittels Verkaufswagen etablieren.

5.1 Fallbeispiel: Lübz

Das vorliegende Fallbeispiel aus Ostdeutschland bezieht sich auf den Altkreis Lübz in Mecklenburg-Vorpommern (vgl. Abb.7).

Abb.7 Das Untersuchungsgebiet, der Altkreis Lübz in Mecklenburg-Vorpommern

Quelle: Eglitis, A. 1999, S.45.

Wichtig bei der Betrachtung ist der zeitliche Abstand der Erhebungen. Das Fallbeispiel Lübz bezieht sich auf das Jahr 1999.

Der Untersuchungsraum weißt eine hohe Siedlungsdichte mit insgesamt 56 Siedlungen auf. Die Bevölkerungsdichte lag 1999 bei 48 Einwohnern pro Quadratkilometer. Damit ist der Untersuchungsraum nach der Typisierung des Bundesamtes für Bauwesen und Raumplanung ein „ländlicher Raum geringerer Dichte". Dominierend im Untersuchungsraum ist der Agrarsektor, zu dem wird von vielen Pendlern die Nähe zu den Ballungsräumen Hamburg und Rostock genutzt. Denn noch ist die Arbeitslosenquote im Altkreis Lübz als hoch einzustufen (vgl. Eglitis, A. 1999, S.45). Im Jahr 1997 lag der Versorgungsgrad mit Einzehandel des täglichen Bedarf im Untersuchungsraum bei lediglich 14,3%. Das heisst, dass es nur in acht der 56 Siedlungen eine stationäre Einzelhandelsversorgung gab. Alle diese Verkaufstellen waren inhabergeführte Einbetriebsunternehmen (vgl. Eglitis, A. 1999, S.130). Sechs der acht Betriebe wiesen zusätzliche eine Verkaufsfläche von unter 100qm auf. In diesem dünn besiedelten Raum wurden gerade Konsumgenossenschaftliche Verkaufsstellen früh und ersatzlos geschlossen. Die vorhandenen Läden weisen teilweise nicht einmal geregelte Öffnungszeiten auf und orientieren sich ausschließlich an den ANGEMELDETEN Bedürfnissen der Kunden. Für ältere Kunden erfüllen diese Läden jedoch eine wichtige soziale Funktion als Treffpunkt. Ladeninhaber sehen in persönlicher Kundenbetreuung und netter Atmosphäre ihre Vorteile gegenüber den großflächigen Einzelhandelsformen (vgl. Eglitis, A. 1999, S.137). Gründe für die schlechte Situation des stationären Einzelhandels liegen zum einem in der Sieldlungsstruktur und zum anderen in der hohen Arbeitslosenzahl.

Aufgrund der vielen, besonders kleinen, Siedlungen mit sehr geringen Einwohnerzahlen mangelt es an Kundenpotential für stationären Einzelhandel. Diese Umstände verschlechtern sich weiter, bedingt durch die hohen Pendlerzahlen und die zunehmende Individualmotorisierung (vgl. Eglitis, A. 1999, S.134).

Die hohe Arbeitslosigkeit wiederum und die geringen Haushaltseinkommen führen zu einer insgesamt schlechten Einkommenssituation. Auf Grund dessen erfolgt die Wahl des Einkaufsstandortes in erster Linie über den Preis. Kleine inhabergeführte Betriebe können aber nicht mit den Discountern in dichter besiedelten Räumen oder an Verkehrsknotenpunkten konkurrieren. So fließt auch hier ein erhebliches Maß an Kaufkraft aus den peripher ländlichen Räumen ab (vgl. Eglitis, A. 1999, S.135).

Um aus Sicht der verbleibenden Betriebe dennoch ein gewisses Maß an Marktfähigkeit zu erhalten sind zwischenzeitlich, je nach Anforderung, verschiedene Dienstleistungen in die Standorte integriert worden. Um die Rentabilität zu erhöhen werden die Warensortimente beispielsweise um Postagenturen, Lottoannahmestellen, Imbisse oder Reinigungen ergänzt. Besonders das hohe Kundenaufkommen integrierter Postagenturen kann den Umsatz des herkömmlichen Sortiments steigern (vgl. Eglitis, A. 1999, S.137).

Des Weiteren ist es besonders dem Bemühen von Bäckern und Metzgern ihren Kundenkreis auszudehnen, zu verdanken, dass sich der mobile Verkauf nach der Wende schnell ausgebreitet hat und so heute wenigstens ein Minimum an Nahversorgung erbracht werden kann. Dieser mobile Verkauf wird hauptsächlich von altansässigen Lebensmittelbetrieben betrieben. Der hauptsächliche Käuferstamm des mobilen Handels sind alte und wenig mobile Menschen, also genau die Bevölkerungsgruppe die am meisten unter der Netzausdünnung zu leiden hat, da sie wenig mobil ist. In ihren Ladenlokalen bieten Bäcker und Metzger darüber hinaus oft ergänzende Teilsortimente des täglichen Bedarfs an, diese sind aufgrund der schlechten Einzelhandelssituation stark nachgefragt und erleichtern eine rentable Geschäftsführung bei gleichzeitiger Verbesserung der lokalen Angebotssituation (vgl. Eglitis, A. 1999, S.138ff).

Aufgrund der aktuellen Entwicklungen bezüglich Demographie und Arbeitsmarktsituation ist davon auszugehen, dass sich die aufgezeigte Situation bis heute nicht verbessert hat. Ehr kann man mit weiteren Standortaufgaben oder erschwerten wirtschaftlichen Bedingungen für die Inhaber ausgehen.

5.1.1 Lösungsstrategien

Da die Problematik in Ost- wie in Westdeutschland die gleiche ist, nämlich erhebliche Probleme in der Einzelhandelsnahversorung, sind auch die Lösungsstrategien die gleichen, bzw. ähnliche. In Ostdeutschland dominieren nach dem Fallbeispiel aus dem Jahre 1999 der mobile Verkauf und das erweiterte Sortiment der Bäcker und Metzger. Darüberhinaus erweitern Einzelhändler ihren Kundenstamm durch das

Anbieten von Dienstleistungen. Die erfolgreichste Form dieser Erweiterung ist der Betrieb von Postagenturen am Einzelhandelsstandort.

6   Vergleich der Situation in Ost- und Westdeutschland

Die Situation der Einzelhandelsversorgung in peripher ländlichen Regionen in Ost- und Westdeutschland ist heute im Wesentlichen gleich. Die Nahversorgung mit Waren des täglichen Bedarf ist in vielen Regionen nicht gewährleistet. Hinzu kommt eine schlechte ÖPNV-Anbindung, die die Versorgung nicht mobiler Personengruppen weiter erschwert. In Ost- sowie in Westdeutschland dominieren die inhabergeführten Einzelhandelsstandorte im peripher ländlichen Raum. Die finanzielle Lage dieser Läden ist mangels Kundenpotential, Konkurrenzdruck der Discounter etc. und den Bedürfnissen der Kunden nach Erlebniss- oder Billigeinkauf, sehr schlecht.

So muss zum einen aus Anbietersicht und zum Anderen aus Nachfragersicht Abhilfe geschaffen werden. Hierzu dienen vor allem Sortimentserweiterungen in Bäckereien und Metzgereien und mobiler Verkauf. Integration und Zusammenfassung von Dienstleistung und Einzelhandel hat nicht nur eine positive Auswirkungen auf die Geschäftssituation, sondern auch auf die Angebotssituation.

Der Hauptunterschied in der Einzelhandelsstruktur in peripher ländlichen Räumen zwischen Ost- und Westdeutschland liegt in der Entwicklung, welche zur heutigen Situation geführt hat. In der DDR wurde ein engmaschiges Nahversorgungsnetz staatlich gesteuert aufrecht erhalten. Die Netzausdünnung erfolgte abrupt nach der Wende und mit der Privatisierung des Einzelhandels. In Westdeutschland hingegen entwickelte sich die Problematik seit der Nachkriegszeit. Bessere Lagerungsmöglichkeiten und zunehmende Mobilität führten zu geänderten Anforderungen der Nachfrager, Erlebnis- oder Schnäppcheneinkauf wurden entscheidungsbestimmend. Dies brachte eine Konzentration auf dem Einzelhandelssektor mit sich. Diese Konzentration wirkte sich nachteilig auf die Nahversorgungssituation im peripher ländlichen Raum aus. Die Ausführungen lassen die These zu, dass sich die in Westdeutschland entstandene Struktur nach dem Fall der Mauer auf Ostdeutschland übertragen hat. Profitiert haben lediglich große westdeutsche Handelsunternehmen, welche den ostdeutschen Markt schnell erschlossen haben und somit auch für den Bedeutungsverlust des kleinflächigen Einzelhandels verantwortlich sind.

7   Langfristige Lösungsstrategien

Die bisher genannten Lösungsstrategien, wie mobiler Verkauf oder Teilsortimentserweiterung, sind lediglich die Reaktionen auf die veränderten Rahmenbedingungen. Sie verbessern zwar die Situation, aber sie sind vielmehr als akute Abhilfe zu verstehen. Um die Einzelhandelssituation im peripher ländlichen Raum dauerhaft zu verbessern, muss vor allem die Bevölkerungs- und somit die Nachfragestruktur verbessert werden. Da, wie in Kapitel 3.1 beschrieben, die Bevölkerung im peripher ländlichen Raum zum einen zunehmend altert und zum anderen stagniert oder stark abnimmt, muss die Attraktivität für junge Menschen und Familien erhöht werden. Die Anreize für die Attraktivität beginnen bei der Kinderversorgung für berufstätige Eltern, gehen über qualitative Bildungsmöglichkeiten hin zu attraktiven Freizeitangeboten für Kinder, Eltern und Jugendliche. Im Idealfall muss Gewerbe und Handel angesiedelt werden um ein Abwandern junger Menschen mit Schulabschluss zu verhindern und um Arbeits- und Ausbildungsmöglichkeiten zu gewährleisten. Wenn diese Rahmenbedingungen junge Menschen und Familien dazu bringen im peripher ländlichen Raum zu wohnen, zu arbeiten und auch weiter dort leben zu wollen, dann wird auch dem stationären Einzelhandel in solchen Räumen ein ausreichendes Kundenpotential zu Verfügung stehen (vgl. Benzel, L. 2006, S.24f).

8   Fazit

Zusammenfassend kann festgehalten werden, dass die Situation des Einzelhandels im peripher ländlichen Raum in Deutschland heute als problematisch und teils unzureichend beschrieben werden kann. Wenn auch die Entwicklungen in Ost- und Westdeutschland unterschiedlich verlaufen sind, so ist die heutige Situation dieselbe. Die Fallbeispiele haben gezeigt, dass nicht mobile Personengruppen in peripher ländlichen Räumen oft keine ausreichenden Möglichkeiten haben sich mit Einzelhandel zu versorgen. Selbst wenn man die Nahversorgung um die Nutzung des ÖPNV ausweiten würde, hätten viele Menschen nicht die Möglichkeit sich selber zu versorgen, da das ÖPNV-Netz in peripher ländlichen Regionen oftmals große Defizite aufweist. So bleiben vielerorts nur Sonderformen des Verkaufes um wenigstens eine minimale Versorgung zu gewährleisten.

Hauptsächlich begründet sich die Problematik in der Bevölkerungsentwicklung der peripher ländlichen Räume. Während ihre Bevölkerung schrumpft und altert sind ein Großteil der Berufstätigen Pendler und bevorzugen den Einkauf in großflächigen Verkaufsstellen wie Discountern oder Supermärkten. Aber auch die Konzentration auf dem Einzelhandelsmarkt wirkt sich negativ auf die Versorgungssituation im ländlichen Raum aus.

Es wird wohl Aufgabe der Politik, und vielleicht sogar speziell der Kommunalpolitik, sein den Entwicklungen durch öffentliche Anreize für neue, junge Bevölkerungsgruppen entgegenzuwirken. Denn ist kaum vorstellbar, das große Filialisten plötzliche den Kleinflächigen Einzelhandel als gewinnbringenden Zweig entdecken. Somit liegt die Aufgabe der Versorgung des peripher ländlichen Raumes meist bei Einbetriebsunternehmen, für die ein wirtschaftliches Betreiben schwierig aber notwendig ist.

9   Literaturverzeichnis

Benzel, L. (2006): Lebensmittelnahversorgung im ländlichen Raum unter geänderten Rahmenbedingungen. In: Troeger-Weiß, G. (Hrsg.) (2006): Materialien zur Regionalentwicklung und Raumordnung. Kaiserslautern, Bd.20.

Bundesamt für Bauordnung und Raumplanung (Hrsg.) (2007): Siedlungsstrukturelle Gebietstypen. Abrufbar unter: http://www.bbr.bund.de/cln_007/nn_21288/DE/Raumbeobachtung/Werkzeuge/ Raumabgrenzungen/SiedlungsstrukturelleGebietstypen/PDF__Download,templ ateId=raw,property=publicationFile.pdf/PDF_Download.pdf am: 21.05.2008.

Eglitis, A. (1999): Grundversorgung mit Gütern und Dienstleistugenin ländlichen Räumen der neuen Bundesländer. In: Geographisches Institut der Universität Kiel (Hrsg.) (1999): Kieler Geographische Schriften. Kiel, Bd. 100.

Grothues R. (2006): Lebensverhältnisse und Lebenstiele im urbanisierten ländlichen Raum. In: Geographische Kommission für Westfalen (Hrsg.) (2001): Westfälische Geographische Studien. Münster, Bd.55.

Heineberg, H. (2004): Einführung in die Anthropogeographie / Humangeographie. Paderborn.

Institut für ökologische Wirtschaftsforschung gGmbH (Hrsg.) (2005): Versorgung mit Waren des täglichen Bedarfs im ländlichen Raum. Abrufbar unter: http://www.ioew.de/home/downloaddateien/studie_laendlicher_raum_kurz.pdf am: 21.05.2008.

Kulke, E. (Hrsg.) (1998): Wirtschaftsgeographie Deutschlands. Gotha.

Landtag Baden-Würtemberg (Hrsg.) (2002): Landesentwicklungsplan 2002. Abrufbar unter: http://www2.landtag.bw.de/dokumente/lep-2002.pdf am: 21.05.2008.

MLR Baden-Würtemberg (Hrsg.) (2008): Ländlicher Raum. Abrufbar unter: http://www.mlr.badenwuerttemberg.de/mlr/allgemein/Laendl%20 Raum.pdf am: 20.05.2008.

Neuer, B. / Thieme, G. (2006): Ländliche Räume in Deutschland. In Sauerborn, P / Schäbitz, F. / Thieme, G. (Hrsg.) (2006): Fachwissenschat und Didaktik. Aachen, S. 14-38.